Vijeyakumar Krishnasamy Natarajan
Kalaiselvi Sundaram
Hamsathvani Gurunathan

Arquitecturas aritméticas aproximadas eficientes em termos de área CMOS

Vijeyakumar Krishnasamy Natarajan
Kalaiselvi Sundaram
Hamsathvani Gurunathan

Arquitecturas aritméticas aproximadas eficientes em termos de área CMOS

ScienciaScripts

Imprint

Cover image: www.ingimage.com

This book is a translation from the original published under ISBN 978-3-330-33179-2.

Publisher:
Sciencia Scripts
is a trademark of
Dodo Books Indian Ocean Ltd. and OmniScriptum S.R.L publishing group

120 High Road, East Finchley, London, N2 9ED, United Kingdom
Str. Armeneasca 28/1, office 1, Chisinau MD-2012, Republic of Moldova, Europe
Printed at: see last page
ISBN: 978-620-8-30092-0

CAPÍTULO I
INTRODUÇÃO

1.1 INTRODUÇÃO

No cenário atual, a energia da bateria e a compacidade estrutural de um dispositivo portátil desempenham um papel crucial. Se forem utilizados cálculos exactos, os circuitos CMOS ocupam mais espaço, o que aumenta o consumo de energia. Daí a necessidade de cálculos aproximados. O cálculo aproximado [4] é um processo de cálculo que fornece um resultado potencialmente impreciso em vez de um resultado exato garantido, sendo um resultado aproximado suficiente para uma aplicação específica, como o processamento de sinais ou de imagens. Os resultados imprecisos representam cerca de 3 a 7% de erro, o que é tolerável para as aplicações acima mencionadas. No processamento de imagens, por exemplo, a qualidade da imagem [18], [19] depende principalmente da perceção visual do olho humano e não do resultado exato do cálculo. A utilização de cálculos aproximados permite reduzir o número de transístores, o que, por sua vez, reduz os problemas submicrónicos, como a fuga sublimiar, o efeito de corpo, a modulação do comprimento do canal, etc. Além disso, o desempenho da bateria é melhorado e a compacidade estrutural é aumentada através da redução do número de portas.

Os circuitos de aproximação são utilizados principalmente em operações tolerantes a falhas [5], que podem tolerar alguma perda de precisão, melhorando simultaneamente o desempenho em termos de energia e de área.

Os sistemas de aproximação baseiam-se na observação de que, em muitos cenários, embora a realização de cálculos exactos exija uma grande quantidade de recursos, uma aproximação limitada pode proporcionar um ganho desproporcionado em termos de potência e energia, ao mesmo tempo que se obtém uma precisão aceitável dos resultados.

1.2 SOMADOR DE APROXIMAÇÃO

Um somador é um circuito digital que adiciona números. Em muitos computadores e noutros tipos de processadores, os somadores são utilizados principalmente em unidades lógicas aritméticas. Também são utilizados noutras partes do processador, onde são utilizados para calcular endereços, índices de tabelas, operadores de incremento e decremento e operações semelhantes. Embora os somadores possam ser concebidos para muitas representações de números, por exemplo, números decimais codificados em binário ou em excesso de 3, a maioria dos somadores trabalha com números binários. Nos casos em que o complemento de dois ou o complemento de um é utilizado para representar números negativos, é trivial converter um somador num subtrator-somador. Outras representações de números com sinal requerem mais lógica em torno do somador básico. Existem vários tipos de somadores básicos descritos na literatura.

> Semi-vagina
> Somador completo
> Aditivo de ondulação de transporte
> Porter - ansioso.
> Aditivo Carry-Save

Embora estes somadores sejam aritmeticamente exactos, o consumo de energia e o atraso são maiores no caminho crítico. Isto torna o sistema ineficiente. É por isso que a introdução de somadores aproximados é muito importante na situação atual. Os somadores aproximados são desenvolvidos modificando a equação lógica da soma e do transporte. Esta lógica gera alguns estados imprecisos, mas estes não têm impacto no desempenho do sistema.

1.3 MULTIPLICADOR APROXIMADO

Os multiplicadores desempenham um papel importante nos actuais processadores digitais de sinais e imagens e nas arquitecturas de computadores. Com o avanço da tecnologia, muitos investigadores têm tentado conceber multiplicadores que ofereçam um dos seguintes objectivos de conceção: alta velocidade, baixo consumo de energia, regularidade de disposição e, por conseguinte, menor área, ou mesmo uma combinação destes objectivos num multiplicador, tornando-os adequados para uma implementação VLSI compacta.

Uma vez que a velocidade é sempre uma limitação na multiplicação, é possível aumentar a velocidade reduzindo o número de passos no processo de cálculo. O método mais comum de multiplicação é o algoritmo "adicionar e mover". Para multiplicadores paralelos, o número de produtos parciais a adicionar é o parâmetro mais importante que determina o desempenho do multiplicador. Para reduzir o número de produtos parciais, o algoritmo de Codificação de Booth Modificada (MBE) é uma das opções adequadas. Para aumentar a velocidade, pode ser utilizado o algoritmo da árvore de Wallace (WT). Ao combinar o algoritmo MBE e a técnica WT, é possível obter as vantagens de ambos os métodos num único multiplicador. No entanto, quanto maior for o paralelismo, maior será o número de deslocamentos entre os produtos parciais e os subtotais a somar, o que pode conduzir a uma redução da velocidade, a um aumento da área de silício devido à irregularidade da estrutura e também a um aumento do consumo de energia devido ao aumento das linhas de ligação provocado pelo encaminhamento complexo. Por outro lado, os multiplicadores "série-paralelo" comprometem a velocidade para obter um melhor desempenho em termos de área de superfície e de consumo de energia. A escolha de um multiplicador paralelo ou em série depende do tipo de aplicação. Os algoritmos de multiplicação mais utilizados são :

- Multiplicação de tabelas
- Algoritmo de Booth
- Algoritmo védico

Mas todos estes algoritmos consomem mais energia e têm um atraso crítico no processamento exato. Foi neste cenário que nasceu o conceito de multiplicador aproximado [4]. O multiplicador aproximado tem uma série de vantagens sobre o multiplicador exato. Consome menos energia e tem menos portas no caminho crítico do que o seu equivalente convencional.

CAPÍTULO II

SOMADOR DE APROXIMAÇÃO

Os somadores de proximidade [3] desempenham um papel fundamental nas aplicações de processamento de sinal e imagem. A principal vantagem da adição de proximidade é a redução da área devido ao número reduzido de transístores e a redução do atraso devido à ausência de propagação de transmissão em comparação com os equivalentes exactos, mas com um baixo custo de precisão. Isto, por sua vez, reduz o consumo de energia do sistema. Além disso, os somadores aproximados têm uma vasta aplicação em filtros em que a imprecisão não tem impacto no desempenho do sistema. Na conceção de um somador impreciso, é utilizada uma única lógica para gerar a soma e o transporte, ao passo que o somador exato equivalente requer circuitos separados para gerar a soma e o transporte. Este capítulo examina o projeto de um somador inexato rápido, de baixo consumo e baixo erro, e sua implementação em filtros MAC e FIR é discutida nos capítulos 4 e 5.

2.1 TRABALHO BÁSICO

Um algoritmo para a conceção de um somador aproximado é descrito em [l]. Numa abordagem mais recente, Jothin et al. (2016) conceberam um somador aproximado modificando o somador exato. O projeto elimina a utilização da grelha XOR no somador completo exato. Em vez disso, a soma e o transporte são projectados com portas OR, AND e NOT. A arquitetura do somador aproximado de Jothin é apresentada na Figura 2.1.

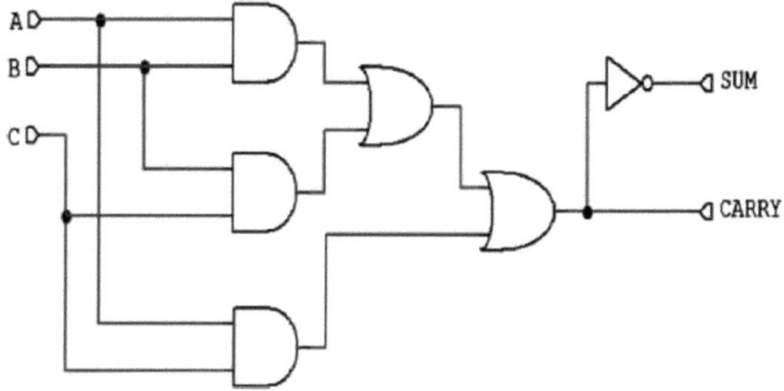

Figura 2.1 Somador de aproximação de Jothin (2016)

A tabela lógica da Tabela 2.1 mostra que o somador de aproximação de Jothin (2016) gera erros em 2 casos que não estão relacionados com

the few systems like image processing to greater extend.

Table 2.1 Truth Table of Jothin's (2016) Approximate Adder

Inputs			Jothin's Approximate adder (2016)	
A	B	C	Sum	Carry
0	0	0	**1**	**0**
0	0	1	1	0
0	1	0	1	0
0	1	1	0	1
1	0	0	1	0
1	0	1	0	1
1	1	0	0	1
1	1	1	**0**	**1**

Em segundo lugar, Karol et al. (2016) [2] propuseram um somador aproximado que consome menos corrente do que o somador exato e o somador aproximado de Jottin. Na sua proposta, Karol eliminou todas as portas que consomem corrente. O projeto completo é composto por 11 transístores. Isto conduz a erros em 3 casos, mas consome menos corrente. Ao eliminar as portas que consomem corrente, o atraso de propagação é consideravelmente reduzido. O projeto do somador de aproximação de Karol (2016) é apresentado na Figura 2.2.

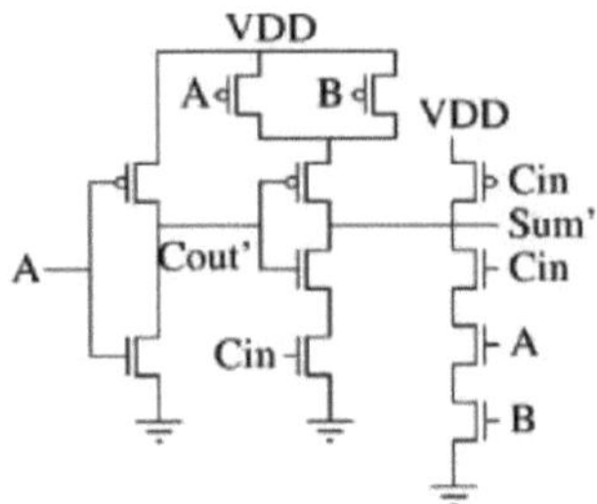

Figura 2.2 Somador aproximado de Karol (2016)

A lógica do somador de aproximação de Karol (2016) é apresentada na Tabela 2.2. Note-se que o desenho para as entradas 000 e 111 gera um erro na saída da soma.

Tabela 2.2 Tabela verdade para o somador aproximado de Karol

Inputs			Karol's Approximate adder (2016)	
A	B	C	Sum	Carry
0	0	0	0	0
0	0	1	1	0
0	1	0	**0**	0
0	1	1	**1**	**0**
1	0	0	**0**	**1**
1	0	1	0	1
1	1	0	0	1
1	1	1	0	1

2.2 ARQUITECTURA PROPOSTA APROXIMADA

O somador aproximado mostrado na Figura 2.3 foi projetado com apenas 6 transístores e um inversor, onde o carry é a inversão da soma.

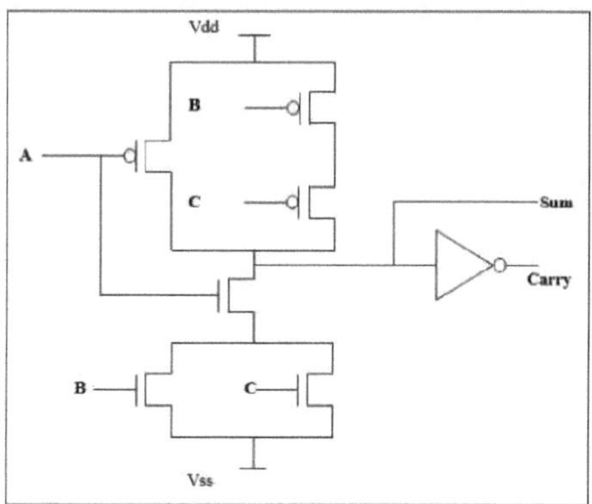

Figura 2.3 Somador de aproximação proposto

$$\text{Sum} = A' + B'C' \quad (2.1)$$

$$\text{Carry} = AC + AB \quad (2.2)$$

A lógica do somador aproximado proposto é muito simples e fácil de construir. A lógica do somador aproximado proposto é apresentada na Tabela 2.3. Tanto a soma como o transporte são exactos para 5 de um total de 8 combinações de entrada. No entanto, esta imprecisão não afecta o desempenho do sistema para aplicações de processamento de imagens e de alguns sinais.

Table 2.3 Truth Table of Proposed Approximate Adder

Inputs			Exact adder		Inexact adder	
A	B	C	Sum	Carry	Sum	Carry
0	0	0	0	0	**1**	**0**
0	0	1	1	0	1	0
0	1	0	1	0	1	0
0	1	1	0	1	**1**	**0**
1	0	0	1	0	1	0
1	0	1	0	1	0	1
1	1	0	0	1	0	1
1	1	1	1	1	**0**	**1**

As equações lógicas para efetuar a soma e o transporte no somador aproximado proposto são representadas pelas equações (2.1) e (2.2), respetivamente.

As equações lógicas mostram que o somador aproximado proposto é fácil de implementar e requer menos transístores do que o somador exato. O somador aproximado proposto é utilizado para compressão de PP em multiplicadores, com o resultado anterior armazenado no acumulador.

2.3 METHODOLOGY

Consider two 16 bit inputs:

INPUT 1: a15 to a0 = {1 1 0 1 0 1 1 0 1 0 1 1 0 0 1 1}

INPUT 2: b15 to b0 = {0 0 0 0 1 0 0 0 1 0 0 1 1 1 0 0}

The addition process based on proposed methodology is shown in Figure 2.4.

Carry :		0	0	0	0	0	0	0	0	0	1	1	1	1	1	1	0
Input 1:	a15-a0	1	1	0	1	0	1	1	0	1	0	1	1	0	0	1	1
Input2:	b15-b0	0	0	0	0	1	0	0	0	1	0	0	1	1	1	0	0
C_{in} :																	1
	0	1	1	(1)	1	1	1	1	(1)	(1)	1	0	(0)	0	0	0	0

Figura 2.4 Ilustração da adição aproximada proposta

A Figura 2.4 mostra que, para as entradas binárias A15-A0 (1101011010110011) e B15-B0 (0000100010011100), a saída de um somador convencional é 01101111101010000 e o seu valor decimal é 57168. No entanto, o somador aproximado proposto produz uma saída (0111111111000000) com um valor decimal de 65472. Note-se que o erro percentual baseado na equação (2.1) é de 12,68%, o que é aceitável para aplicações de processamento de imagem em que a qualidade visual é utilizada como referência.

$$\text{Error Percentage} = \frac{\text{Approximate value} - \text{Actual Value}}{\text{Approximate value}} \times 100 \qquad (2.1)$$

$$= \frac{65472 - 57168}{65472} \times 100$$

$$= 0.1268 \times 100$$

$$= 12.68\%$$

2.4 ANÁLISE DO DESEMPENHO

O somador completo exato existente, Jothin AF (2016), Karol AF (2016) e o somador de proximidade de área reduzida proposto foram desenvolvidos em tecnologia CMOS com tecnologia de 180 nm. A Tabela 2.4 mostra a comparação de área (em termos do número de portas necessárias) do somador de proximidade eficiente em área proposto e os projetos usados para comparação para *n* -32 bits. Além disso, a Figura 2.5 mostra as contagens de transístores do somador aproximado proposto e dos projectos anteriores. A Figura 2.5 mostra que o número de transístores no projeto proposto foi significativamente reduzido.

Tabela 2.4 Comparação da área de superfície do somador aproximado com

Aproximação de Jothin e Karol e contrapartida exacta para *n-32* bits

Component	Exact Adder	Jothin's Approximate Adder (2016)	Karol's Approximate adder (2016)	Proposed Approximate Adder
AND Gate	96	96	-	-
OR Gate	32	64	-	-
NOT Gate	128	32	64	32
XOR Gate	64	-	-	-

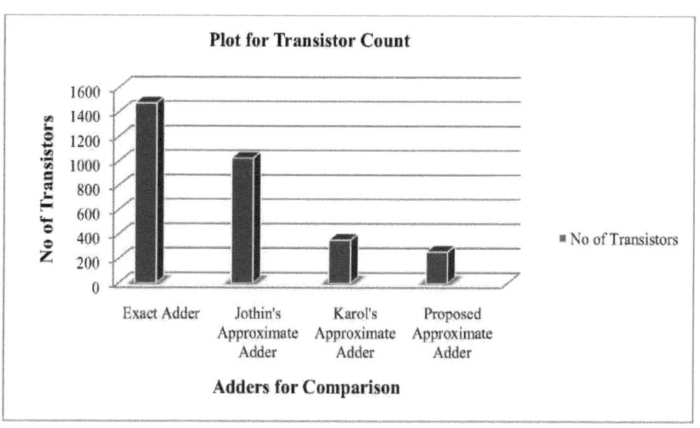

Figure 2.5 Representação do número de transistores para o somador exato, Jothins (2016), Karols (2016) e o somador aproximado proposto

A Tabela 2.4 mostra que o número de portas do somador de proximidade proposto foi reduzido em 82,6%, 75% e 27,2%, respetivamente, em comparação com os somadores exactos existentes, os somadores de proximidade de Jottin (2016) e de Karol (2016). A redução do número de portas reduz a comutação e o consumo de energia. Além disso, a Tabela 2.5 mostra as estimativas de potência, atraso e PDP do somador padrão convencional, do somador aproximado de Jothin (2016), do somador aproximado de Karol (2016) e dos somadores aproximados propostos.

2.5 Comparação do desempenho, atraso e PDP do modelo de somador proposto, do somador aproximado, do somador exato e das concepções de Jothin (2016) e Karol (2016)

Parameter	Delay(ns)	Average Power(mW)	Energy(pJ)
Standard Adder	10.09	12.6832	127.9734
Jothin's Adder(2016)	19.76	9.620	190.0912
Karol's Adder(2016)	10.09	3.168	31.96512
Proposed design	24	0.05454	1.30896

A Tabela 2.5 mostra que o somador de proximidade tem uma redução de potência de 99,5% em comparação com o somador de precisão. Isso se deve ao número reduzido de elementos lógicos (portas de base) usados no somador de proximidade proposto. Em comparação com o somador de proximidade de Jothin (2016), a redução de potência no somador de proximidade proposto é de cerca de 99% devido à modificação da lógica de soma e transporte. O consumo de energia do somador de proximidade proposto foi reduzido para 98,2% em comparação com o do somador de proximidade de Karol (2016). Note-se que a redução melhorada da potência e do atraso do projeto do somador de aproximação se traduz numa poupança melhorada do produto potência-atraso (PDP) (energia por operação), com o PDP do projeto do somador de aproximação reduzido em 98%, 99,3% e 95,9%, respetivamente, em comparação com o somador de aproximação exato, o de Jothin (2016) e o de Karol (2016) (ver Figura 2.6).

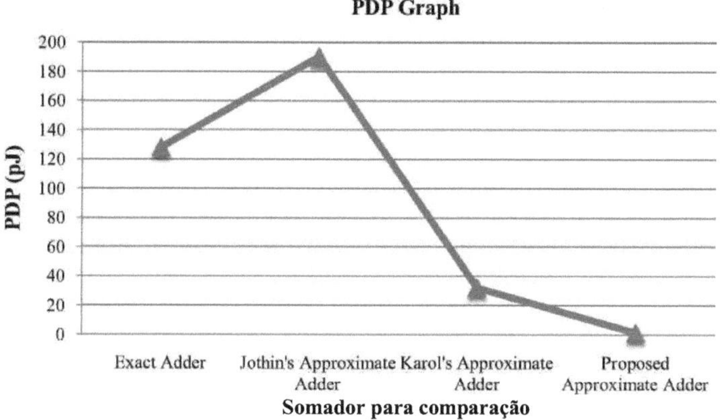

Figure 2.6 Parcela do PDP para Exato, Jothin (2016), Karol (2016) e

Sugestão de um complemento aproximado

CAPÍTULO 3

MULTIPLICADOR APROXIMADO

A utilização de um multiplicador de matriz convencional [6], [7], [8] num filtro FIR consome mais energia e requer mais tempo de cálculo. Por esta razão, foram introduzidos cálculos de aproximação para efetuar o processo de multiplicação. Os multiplicadores de aproximação localizam a informação útil (presença de um "1"), extraem-na do conjunto de bits de entrada e efectuam a multiplicação entre n/2 bits. Como resultado, os requisitos de hardware são drasticamente reduzidos em comparação com os multiplicadores exactos. O multiplicador aproximado foi concebido para aplicações tolerantes a erros, que podem tolerar uma certa perda de precisão, melhorando simultaneamente o desempenho em termos de energia e de área de superfície. Baseia-se na observação de que, em muitos cenários, embora a realização de cálculos exactos exija uma grande quantidade de recursos, uma aproximação limitada pode proporcionar um ganho desproporcionado em termos de potência e energia, ao mesmo tempo que se obtém uma precisão aceitável dos resultados. Os multiplicadores de aproximação consomem pouca energia, produzem menos erros significativos e funcionam a velocidades mais elevadas.

3.1 TRABALHO DE BASE

O multiplicador aproximado [4], [9] para multiplicar dois números de n bits utiliza um único multiplicador de matriz n/2 x n/2 em vez de um multiplicador de matriz *n* x n. A arquitetura do multiplicador aproximado de Srinivasan Narayanamoorthy (2015) [4] é apresentada na Figura 3.1.

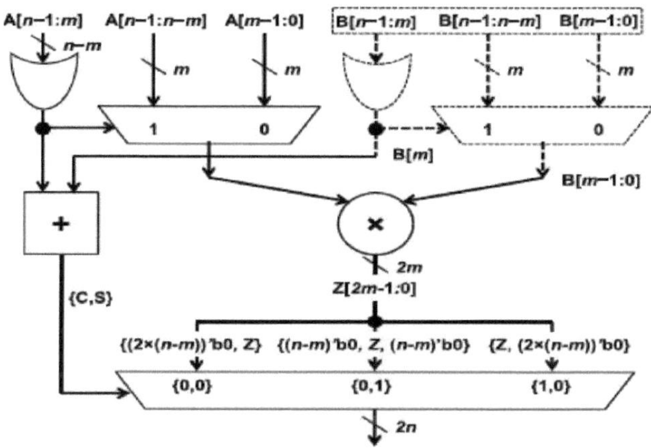

Figura 3.1 Multiplicador de aproximação de Srinivasan Narayanamoorthy (2015)

A figura 3.1 mostra que a conceção de Srinivasan Narayanamoorthy (2015) é constituída pelos seguintes elementos

- Porta OR de n/2 bits
- Multiplexador
- Multiplicador de tabela
- *n* Deslocador de bits

3.1.1 Porta OR de n/2 bits

Uma porta OR de n/2 bits actua como um detetor de lead one (LOD), que é utilizado para determinar se o lead one está presente no MSB. A saída da porta OR de n/2 bits é enviada para o shifter como uma linha de seleção. O processo de deslocação é realizado com base no valor da linha de seleção.

Figura 3.2 Símbolo da porta OR

3.1.2 Multiplexador

É utilizado um multiplexador para selecionar n/2 bits do multiplicando e do multiplicador, dependendo da presença de um "1" inicial. A saída da porta OR de n bits é utilizada como linha de seleção para o multiplexador.

Se a entrada de seleção do multiplexer for '1', então o MSB do multiplicando e do multiplicador é selecionado e introduzido no desenho do multiplicador n/2 x n/2. Caso contrário, é selecionado o LSB de ambas as entradas. O multiplexador e a porta OR trabalham em conjunto para extrair a informação útil do multiplicando e do multiplicador.

A tabela de verdade para o multiplexador é apresentada na Tabela 3.1.

Tabela 3.1 Tabela verdade do multiplexador

Selection Line	Output
0	LSB of both A and B inputs are selected
1	LSB of both A and B inputs are selected

3.1.3 Multiplicador de tabela

A arquitetura aproximada de Srinivasan Narayanamoorthy (2015) utiliza um multiplicador de matriz n/2 x n/2, mostrado na Figura 3.3, para efetuar a multiplicação com uma entrada de n bits. O multiplicador usa portas AND para

O multiplicador utiliza uma porta AND para gerar produtos parciais (PP), que podem ser deslocados para cada nível e adicionados utilizando uma matriz de somadores completos (FA) e meios somadores (HA).

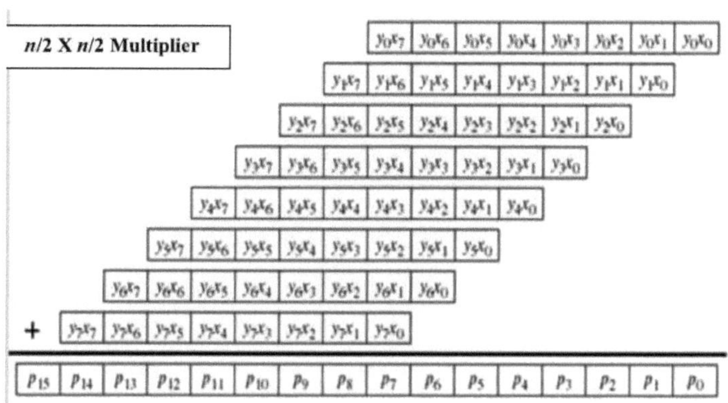

Figure 3.3 *n*/2 x *n*/2 Array Multiplier

The generation of partial products in case of *n*/2 x *n*/2array multiplier for *n*=8 is shown in Figure 3.3. The array multiplier has two inputs X_0 to X_7, Y_0 to Y_7 and produces the final product P_0 to P_{15}.

3.1.4 Shifter

O shifter é uma unidade que desloca a palavra de dados para a esquerda e para a direita num determinado número de bits. Dependendo da linha de seleção, este deslocador pode não fornecer nenhum deslocamento (0 bits), n/2 bits e *n* bits.

O deslocador é implementado como uma sequência de multiplexadores, mostrada na Figura 3.4, com a saída de um multiplexador ligada à entrada do multiplexador seguinte para ajustar a distância de deslocamento necessária.

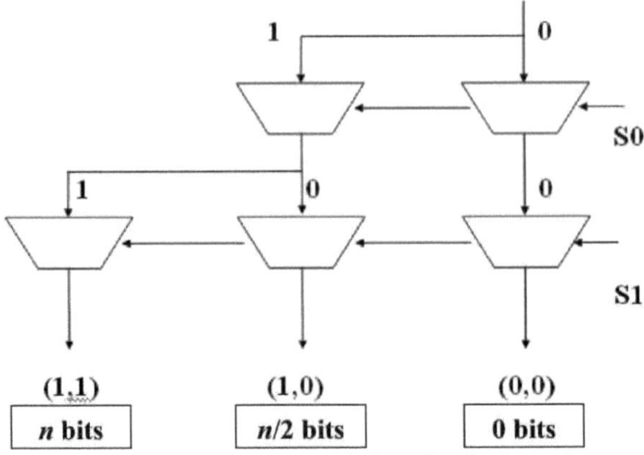

Figura 3.4 Diagrama lógico do deslocador

O objetivo do shifter é efetuar operações de deslocamento de acordo com a linha de seleção do bloco de adição/multiplicação. A deslocação baseia-se nos valores LSB ou MSB das entradas, como indicado na Tabela 3.2.

Tabela 3.2 Processo de comutação com base na posição de entrada

Cases	Input 1	Input 2	No of shifting
Case 1	LSB	LSB	'0' Bits (No shifting is needed)
Case 2	LSB	MSB	'8' Bits
Case 3	MSB	MSB	'16' Bits

Case 1: If both the multiplicand and multiplier are from LSB (S_0='0' and S_1='0'), then no shifting is done.

Case 2: If one of the input is from LSB and other from MSB (S_0='0' and S_1='1' or S_0='1' and S_1='0'), then the output of multiplier is left shifted by 8 bits.

Case 3: $_{01}$Se o multiplicador e o multiplicando começarem ambos a partir do

MSB (S = '1' e S = '1'), a saída do multiplicador é deslocada 6 bits para a esquerda.

3.1.5 Metodologia

150150Considere duas entradas de 16 bits a para a e b para b :

150ENTRADA 1 : a toa = {11 0 0 0 1 1 0 1 0 1 0 1 0 1 0 0}

150INPUT 2 : b tob = {00001000000 1 1 1 1 1 0}

MSBLSB

No exemplo acima, a entrada 1 e a entrada 2 têm o 1 inicial no MSB. Para a multiplicação, os n/2 bits mais significativos são, portanto, tidos em conta. Os LSBs são negligenciados (causam menos erros de cálculo), uma vez que a informação útil está contida no MSB e não no LSB. A multiplicação normal da matriz é agora efectuada utilizando os n/2 bits mais significativos.

Após a multiplicação, é efectuado o processo de deslocação. Como os dois bits de entrada são tomados pelo MSB, a saída do multiplicador de matriz é deslocada à esquerda por *n* bits.

0 1 1 0 0 0 1 1 X 0 0 0 1 0 0 0 0

P15	p14	p13	p12	p11	p10	p9	p8	p7	p6	p5	p4	p3	p2	p1	p0
								0	0	0	0	0	0	0	0
							0	0	0	0	0	0	0	0	
						0	0	0	0	0	0	0	0		
					0	1	1	0	0	0	1	1			
				0	0	0	0	0	0	0	0				
			0	0	0	0	0	0	0	0					
		0	0	0	0	0	0	0	0						
	0	0	0	0	0	0	0	0							
0	0	0	0	0	0	1	1	0	0	0	1	1	0	0	0

Figura 3.5 Ilustração do processo de multiplicação por Srinivasan Narayanamoorthy (2015)

After shifting, the output is

0 0 0 0 0 0 1 1 0 0 0 1 1 0 0 0 0 0 0 0 0 0 0 0 0 0 0 0 0 0 0 0 0

O processo de multiplicação para uma amostra de entradas com base no método de multiplicação aproximada discutido na secção anterior é ilustrado na Figura 3.5. Pode ver-se que a saída do multiplicador aproximado de Srinivasan Narayanamoorthy (2015) produz um erro de 710%, o que é tolerável para aplicações de processamento de imagem.

3.2 MULTIPLICADOR APROXIMADO DE ALTA VELOCIDADE PROPOSTO COM BAIXO ERRO

Devido à capacidade limitada das baterias e ao orçamento energético restrito dos dispositivos informáticos incorporados e móveis, a elevada eficiência energética tornou-se um importante objetivo de desenvolvimento. Para melhorar a eficiência energética destes dispositivos, já foram envidados esforços consideráveis a vários níveis, desde o software à arquitetura, aos circuitos e à tecnologia. No multiplicador de aproximação com eficiência energética de Srinivasan Narayanamoorthy (2015) [4], a redução de energia foi bastante boa. No entanto, isso ainda pode ser ajustado para um nível mais alto. A fim de reduzir a área, a energia e o consumo de energia e melhorar a precisão, é proposto um "multiplicador aproximado de alta velocidade e baixo erro" (HSLEAM). No esquema proposto, o 1 inicial é reconhecido tanto no multiplicador como no multiplicando, e os n/2 bits para multiplicação são selecionados a partir da posição do 1 bit inicial. Além disso, é utilizado um sutra védico para o processo de multiplicação, o que reduz a profundidade lógica. Os resultados experimentais mostram que o HSLEAM proposto consome menos energia e área e tem melhor precisão do que o multiplicador aproximado de Srinivasan Narayanamoorthy (2015).

A arquitetura do multiplicador aproximado eficiente, rápido e com baixo nível de erro proposto é apresentada na Figura 3.6. A arquitetura é composta por

> *n* bits Registo de deslocação

> Flip-flop D mestre-escravo

> Contador de 3 bits

> n/2 X n/2 Multiplicador paralelo

> Lógica da válvula

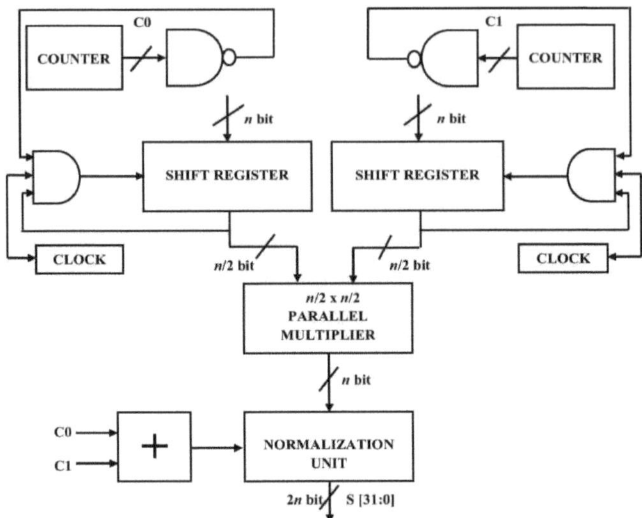

Figura 3.6 ArquitecturaHSLEAM

3.2.1 registo de deslocação de n bits

O registo de deslocação PIPO, constituído por um flip-flop D mestre-escravo, é a parte essencial que torna o sistema proposto eficiente. É utilizado para selecionar os n/2 bits de entrada. Inicialmente, os bits de entrada são carregados no registo de deslocamento. Depois, são deslocados para verificar a presença de "1" na entrada dada. O sinal de relógio para o registo de deslocação é o sinal AND do MSB do registo de deslocação,

O sinal NAND da saída do contador e o sinal de relógio básico são mostrados na Figura 3.7. Assim que um "1" é detectado neste sinal, o relógio fica negativo e o registo de deslocamento é congelado. Agora os n/2 bits, começando com um, são armazenados no registo de deslocamento e enviados para o multiplicador paralelo de n/2 x n/2 bits. A estrutura do registo de deslocamento PIPO é mostrada na Figura 3.7.

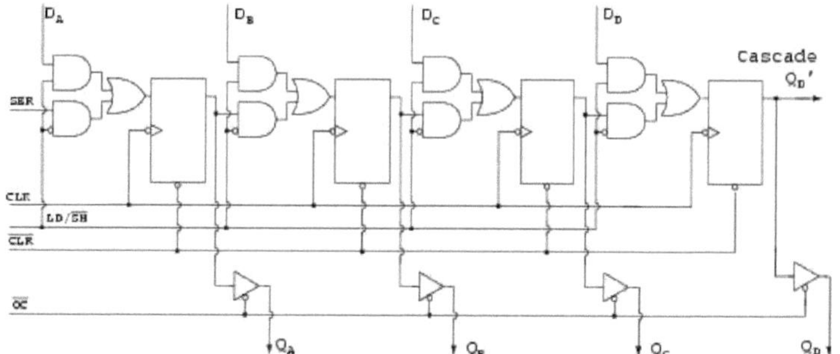

Figura 3.7 Registo de deslocação PIPO

3.2.1.1 Flip flop mestre-escravo D

O flip-flop mestre-escravo D é composto por 2 flip-flops D. O primeiro flip-flop "mestre" é controlado pelo bordo positivo e o segundo flip-flop "escravo" pelo bordo negativo do sinal de relógio. O flip-flop escravo armazena os resultados do relógio anterior durante o relógio atual do flip-flop mestre. Isto significa que os dados do relógio anterior (escravo) e do relógio atual (mestre) podem ser medidos simultaneamente. O desenho do flip-flop D mestre-escravo é mostrado na Figura 3.8. O flip-flop D mestre-escravo proposto utiliza apenas 10 transístores, que são utilizados para recuperar os n/2 bits úteis do multiplicando e do multiplicador.

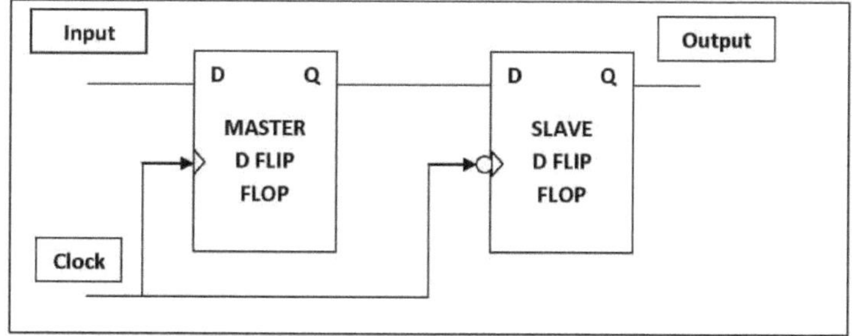

Figure 3.8 Block diagram of Master-Slave D Flip Flop

$$D_A = A.(\text{Not } B) + A.(\text{Not } C) + (\text{Not } A).B.C \tag{3.1}$$
$$D_B = (\text{Not } B).C + B.(\text{Not } C) \tag{3.2}$$
$$D_C = (\text{Not } C) \tag{3.3}$$

The logic design of 3 bit counter is shown in Figure 3.9.

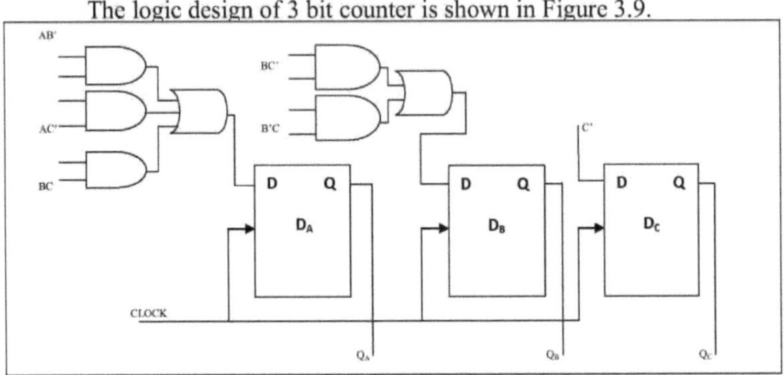

Figure 3.9 Design of 3 bit Counter

3.2.2 Contador de 3 bits

Como a posição dos n/2 bits selecionados na entrada de n bits varia de acordo com os bits iniciais, a saída final deve ser deslocada para ser normalizada. O número de deslocações depende, portanto, da saída do contador. O relógio fornecido ao registo de deslocação também funciona como relógio para o contador.

A lógica do contador de 3 bits é apresentada nas equações (3.1) a (3.3)

O funcionamento do contador é ilustrado utilizando a lógica apresentada na Tabela 3.3.

Table 3.3 Truth Table of 3 bit Counter

A	B	C	X	Y	Z
0	0	0	0	0	1
0	0	1	0	1	0
0	1	0	0	1	1
0	1	1	1	0	0
1	0	0	1	0	1
1	0	1	1	1	0
1	1	0	1	1	1
1	1	1	0	0	0

3.2.3 n/2 x n/2 Multiplicador paralelo

A carga útil n/2 selecionada a partir da entrada de ' *n* ' bits é passada através de um registo de deslocação e depois para o multiplicador paralelo. O multiplicador paralelo proposto utiliza a técnica de multiplicação paralela do sutra védico e efectua a multiplicação entre entradas de 8 bits. A utilização de um multiplicador Védico paralelo reduz o atraso do sistema e aumenta significativamente a velocidade de funcionamento.

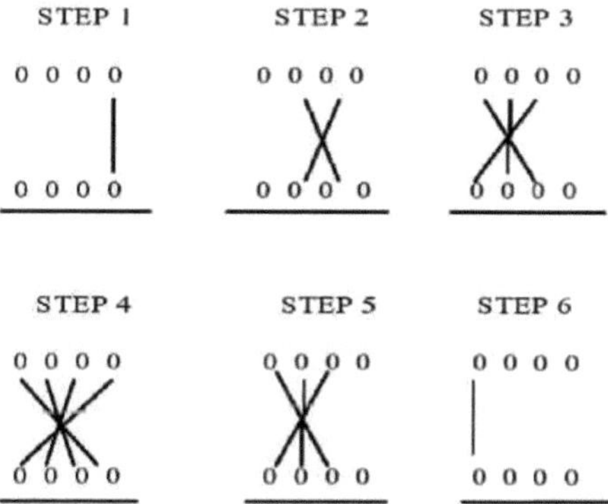

Figura 3.10 Multiplicação em paralelo com o sutra védico

3.2.4 Lógica da válvula

O objetivo do deslocador é muito importante para o multiplicador proposto. Como apenas os n/2 bits úteis são selecionados, o deslocamento deve ser compensado na saída final. O registo de deslocamento e o contador são alimentados pelo mesmo relógio. Como resultado, o contador é incrementado de um para cada deslocamento. Quando o registo de deslocação pára, o contador também pára a contagem. De seguida, a saída dos contadores do multiplicando e do multiplicador é somada utilizando um somador Ripple Carry de 3 bits. out2oEste (C , S , SI, S) funciona como uma linha de seleção para o deslocador. A operação lógica do shifter é mostrada na Tabela 3.4. Note-se que o shifter proposto tem apenas 936 transístores.

Tabela 3.4 Tabela lógica do deslocador

A	B	C	D	No of Shifting
0	0	0	0	'14'bit shift
0	0	0	1	'13' bit shift
0	0	1	0	'12' bit shift
0	0	1	1	'11' bit shift
0	1	0	0	'10' bit shift
0	1	0	1	'9' bit shift
0	1	1	0	'8' bit shift
0	1	1	1	'7' bit shift
1	0	0	0	'6' bit shift
1	0	0	1	'5' bit shift
1	0	1	0	'4' bit shift
1	0	1	1	'3' bit shift
1	1	0	0	'2' bit shift
1	1	0	1	'1' bit shift
1	1	1	0	'0' bit shift

Como o projeto proposto utiliza um contador de 3 bits, o número máximo de contagens possíveis é 14 (7+7). Portanto, só é possível um deslocamento de 14 bits. Este shifter é muito eficiente, pois não tem portas que consomem muita corrente e atraso. O produto final do processo de multiplicação é uma saída de 32 bits.

3.2.5 Metodologia

Considere duas entradas de 16 bits como mostrado abaixo:

ENTRADA 1: a15toa0 = {1 1 0 0 1 1 0 1 0 1 1 0 1 0 1 0 1 0 1 0}

ENTRADA 2: b15tob0 = {0000 1 000000 1 1 1 1 1 0}

MSBLSB

No exemplo acima, o 1 inicial é detectado primeiro. thComo o 1 inicial está presente na entrada 1, na posição 15 bits, o bit de entrada é tomado de 'a!5' a 'a8'. ththPara a entrada 2, o 1 inicial está na posição 11, pelo que o bit de entrada é tomado de 'al1' a 'a4'; os outros bits são negligenciados (o que causa menos erros de cálculo).

Depois da multiplicação paralela ter sido executada, é efectuado um processo de desvio. Quando os bits de entrada são selecionados, o contador 1 gera uma saída de "0" e o contador 2 uma saída de 4. A saída final do processo de multiplicação é assim deslocada 10 bits para a esquerda.

1 1 0 0 0 1 1 0 X 1 0 0 0 0 1 1 1

								1	1	0	0	0	1	1	0
							1	1	0	0	0	1	1	0	
						1	1	0	0	0	1	1	0		
					0	0	0	0	0	0	0	0			
				0	0	0	0	0	0	0	0				
			0	0	0	0	0	0	0	0					
		0	0	0	0	0	0	0	0						
	1	1	0	0	0	1	1	0							
0	1	1	0	1	0	0	0	0	1	1	0	1	0	1	0
P15	p14	p13	p12	p11	p10	p9	p8	p7	p6	p5	p4	p3	p2	p1	p0

On performing 10 bit left shift, the output of Efficient Approximate Multiplier is as follows:

0 0 0 0 0 1 1 0 1 0 0 0 0 1 1 0 1 0 1 0 0 0 0 0 0 0 0 0 0 0 0 0

Figura 3.11 Ilustração doHSLEAM

Todo o processo HSLEAM é explicado no diagrama abaixo

3.11. A amostra de entrada mostra que o HSLEAM proposto produz resultados com um erro de 1%, o que é muito tolerável para aplicações de processamento de imagens.

3.3 CÁLCULO DE ERROS

O multiplicador aproximado proposto gera o produto final com um atraso mínimo em comparação com o projeto padrão, à custa de um pequeno erro. O desempenho em termos de erro do multiplicador aproximado proposto é calculado com base na equação (3.1) e discutido para três entradas aleatórias diferentes, que são analisadas nas secções seguintes. O multiplicador de matriz existente e o projeto de Srinivasan Narayanamoorthy et al. (2015) [4] são utilizados para comparação.

$$\text{Error \%} = \frac{(\text{Exact value}) - (\text{Approximate value}) \times 100}{\text{Approximate value}} \quad (3.1)$$

Where,

Exact value = Output of Array Multiplier

Approximate value = Output of Approximate Multiplier

3.3.1 Illustration

Case 1:

Input 1:

Binary = 0000110101101000 Decimal = 3432

Input 2:

Binary = 0000001101011010 Decimal = 858

Exact Output : 3432 X 858 => 2944658

Input 1:

Binary = 0000111111110000 Decimal = 4080

Input 2:

Binary = 0000111111110000 Decimal = 4080

Exact Output : 4080 X 4080 => 16646400

Existing Approximate Multiplier : 14745600

Proposed Approximate Multiplier: 16646400

$$\text{Existing Error \%} = \frac{(16646400) - (14745600)}{14745600} \times 100$$

$$= 0.12 \times 100$$

Existing Error % = 12%

$$\text{Proposed Error \%} = \frac{(16646400) - (16646400)}{16646400} \times 100$$

$$= 0 \times 100$$

Existing Approximate Multiplier : 2555904

Proposed Approximate Multiplier : 2930944

$$\text{Existing Error \%} = \frac{(2944658) - (2555904)}{255594} \times 100$$

$$= 0.15 \times 100$$

Existing Error % = 15%

$$\text{Proposed Error \%} = \frac{(2944658) - (2930944)}{2930944} \times 100$$

$$= 0.00467 \times 100$$

Proposed Error % = 0.46%

Case 2:

Proposed Error % = 0%

Case 3:

Input 1:

Binary = 0010110111001111 Decimal = 11725

Input 2:

Binary = 0001001110110011 Decimal = 5043

Exact Output : 11725 X 5043 => 59129175

Existing Approximate Multiplier : 39256064

Proposed Approximate Multiplier: 58841088

$$\text{Existing Error \%} = \frac{(59129175) - (39256064)}{39256064} \text{ X } 100$$

$$= 0.50\text{X } 100$$

Existing Error % = 50%

$$\text{Proposed Error \%} = \frac{(59129175) - (58841088)}{58841088} \text{ X } 100$$

$$= 0.00489\text{X } 100$$

Proposed Error % = 0.48%

Table 3.5 Error Performance of proposed and previous approach

	% Error		
Cases	**Case 1**	**Case 2**	**Case 3**
Inputs	3432 x 858	4080 x 4080	11725 x 5043
Proposed Design	0.46	0	0.48
Srinivasan Narayanamoorthy's Design	15	12	50

3.4 ANÁLISE DO DESEMPENHO

A matriz existente, o projeto de Srinivasan Narayanamoorthy et al. (2015) [4] e o HSLEAM proposto foram desenvolvidos em CMOS com tecnologia de 180 nm. A tensão de alimentação utilizada para as simulações é de 2 V e é baseada na varredura da tensão de alimentação em relação ao PDP do projeto do multiplicador aproximado proposto, como mostra a Figura 3.12. A tensão de alimentação é de 2 V.

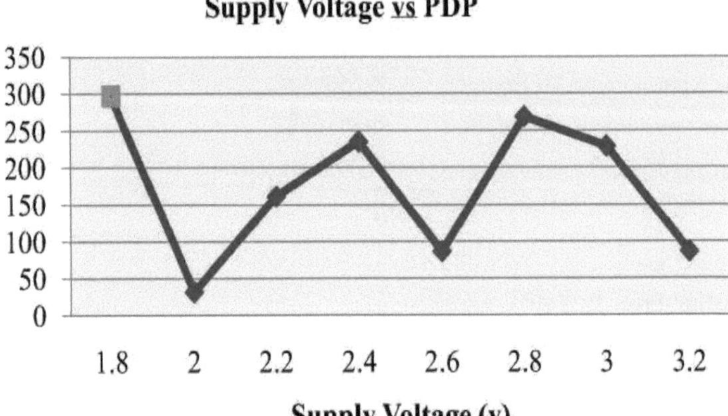

Figura 3.12 Tensão de alimentação paraHSLEAM PDP

A Figura 3.12 mostra que o HSLEAM tem o menor PDP para uma tensão de alimentação de 2 V. A Tabela 3.6 mostra a comparação de áreas (em termos do número de portas necessárias) para a matriz existente, o projeto de Srinivasan Narayanamoorthy et al. (2015) [4] e o multiplicador de aproximação de alta velocidade e baixo erro proposto para a variante de 16 bits. Além disso, a Figura 3.13 mostra as contagens de transístores do multiplicador aproximado proposto e dos projectos anteriores. A Figura 3.13 mostra que a contagem de transístores da conceção proposta é significativamente reduzida.

Quadro 3.6 Comparação dos parâmetros da caixa de velocidades

Component	Standard design	Srinivasan Narayanamoorthy et al (2015) design	Ours
AND Gate	953	315	200
OR Gate	227	109	40
NOT Gate	713	263	185
XOR Gate	470	105	105
Full Adder	227	49	49
Half Adder	16	7	7

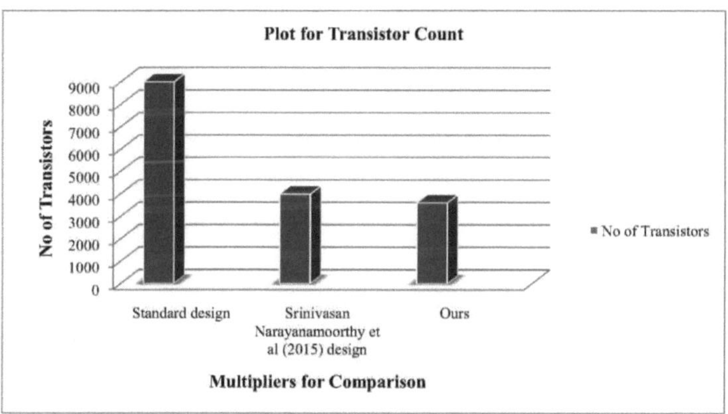

Figura 3.13 Representação do número de transístores para o multiplicador de rede, o multiplicador aproximado de Srinivasan Narayanamoorthy (2015) e o multiplicador proposto.

A Tabela 3.6 mostra que o número de portas no multiplicador aproximado proposto foi significativamente reduzido em comparação com Srinivasan Narayanamoorthy et al. (2015) [4] e o multiplicador convencional. de multiplicação. Como o número de portas foi reduzido, o consumo de energia também foi reduzido. Isto, por sua vez, reduz significativamente o PDP.

A Tabela 3.7 mostra os valores de potência, atraso e PDP do projeto de multiplicador aproximado proposto e as abordagens utilizadas para comparação.

Tabela 3.7 Comparação do desempenho, atraso e energia dos multiplicadores aproximados e de rede

Parameter	Delay(ns)	Average Power(mw)	PDP(pJ)
Array Multiplier	9.86	359	3539.74
Srinivasan Narayanamoorthy et al (2015) design	0.711	97	68.96
Proposed	0.37	85	31.45

A Tabela 3.7 mostra que o HSLEAM apresenta uma redução de potência de 76,3% e 12,37%, respetivamente, em comparação com o multiplicador de rede e o multiplicador aproximado de Srinivasan Narayanamoorthy et al. (2015). [2]Isso se deve à redução do número de portas utilizadas no multiplicador proposto para n /2, o que reduz a comutação. Observe também que o multiplicador paralelo usado no projeto proposto gera PPs em paralelo e reduz o atraso em 47,96% em comparação com o multiplicador aproximado de Srinivasan Narayanamoorthy et al. (2015). Note-se também que a melhor redução de potência e atraso do projeto HSLEAM se traduz numa melhor poupança de PDP (energia por operação), com o PDP do nosso projeto proposto reduzido em 99,11% e 54,18%, respetivamente, em comparação com o multiplicador de rede e o multiplicador aproximado de Srinivasan Narayanamoorthy et al (2015) [4]. A representação do PDP para a abordagem proposta e a abordagem anterior é mostrada na Figura 3.14.\.

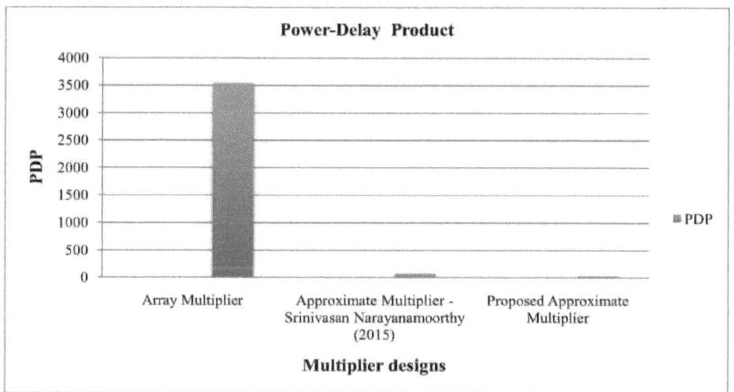

Figura 3.14 PDP em função da tensão de alimentação do multiplicador da rede, do multiplicador de Srinivasan Narayanamoorthy (2015) e do multiplicador aproximado proposto.

CAPÍTULO 4

APROXIMADO MULTIPLICAR ACUMULAR UNIDADE

A unidade Multiplicar-Acumular (MAC) é um componente indispensável nas aplicações de processamento digital de sinais (DSP) que envolvem multiplicação e/ou acumulação. A unidade MAC [11], [12], [13] é constituída por um multiplicador e um somador que soma produtos anteriores sucessivos com o produto atual.

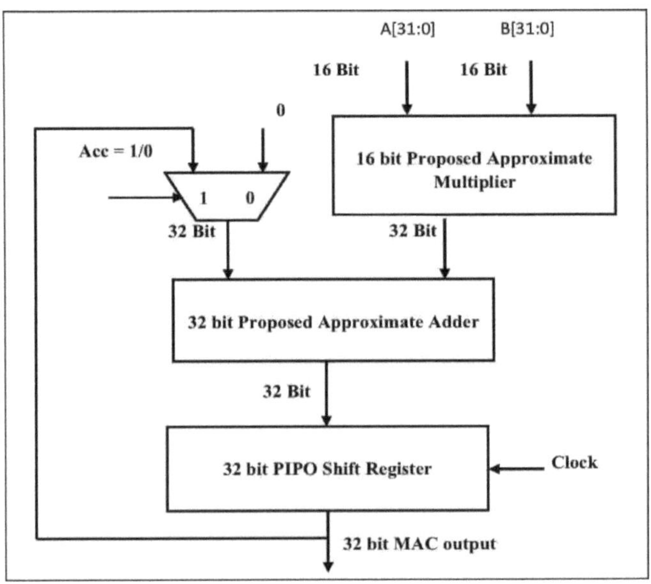

Figura 4.1 Arquitetura da unidade MAC

A unidade MAC proposta gera uma saída de n bits para entradas de n bits e consiste nas unidades de somador e multiplicador aproximadas propostas. A arquitetura da unidade MAC é apresentada na Figura 4.1. As entradas para a unidade MAC são obtidas a partir dos registos de entrada de n bits e fornecidas ao bloco multiplicador.

A unidade MAC [12], [14] é constituída por três blocos essenciais, nomeadamente um multiplicador, um somador e um acumulador. O bloco multiplicador utilizado aqui é o multiplicador aproximado eficiente (EAM) proposto por nós. O multiplicador aproximado efectua a multiplicação entre o multiplicando de 16 bits e o multiplicador de 16 bits. A saída do multiplicador é passada para o somador. O somador utilizado no projeto do MAC é o somador de proximidade com eficiência energética e de área que propusemos. O somador de proximidade recebe uma entrada de 32 bits do multiplicador de proximidade e do registo de deslocamento. O valor de transporte inicial é definido como zero no somador de aproximação. As saídas de soma e transporte do somador de aproximação são enviadas para o registo de deslocação PIPO. O registo de deslocamento armazena o valor da saída do somador. Isto também fornece um caminho de feedback para o somador de aproximação para efetuar a operação de acumulação. Uma entrada para o somador de proximidade é encaminhada através de um multiplexador 64:32. A linha de seleção do multiplexer é o pino 'Acc'. Os bits de entrada para o multiplexer são saídas de registo de deslocamento de 32 bits e O's de 32 bits. Para uma operação de acumulação, a saída do registo de deslocação de 32 bits e, para a operação de adição normal, os O's são enviados para o somador de proximidade. A seleção de entrada pelo multiplexer é mostrada na Tabela 4.1.

Tabela 4.1 Tabela verdade do multiplexador de 64:32 bits

Selection line	Output
0	0's
1	Shift Register output(Previously stored)

No projeto proposto, a eficiência energética é conseguida através de um algoritmo de multiplicação paralela que utiliza o sutra da matemática védica e reduz o atraso para n/2 [15].

CAPÍTULO 5

INSTALAÇÃO DO FILTRO DE ABETO

A resposta ao impulso de um filtro FIR (ou a resposta a qualquer quantidade de entrada finita) tem uma duração finita, porque estabiliza em zero num tempo finito. O filtro FIR é mais adequado para a supressão de ruído de sinais e imagens alterados. A arquitetura do filtro FIR é apresentada na Figura 5.1. O filtro FIR é constituído por um elemento de atraso, um somador e um multiplicador. A unidade MAC aproximada de baixo consumo de energia proposta é implementada num filtro FIR de 27 picos [16], [17]. Os coeficientes do filtro proposto são selecionados através de um comando MATLAB.

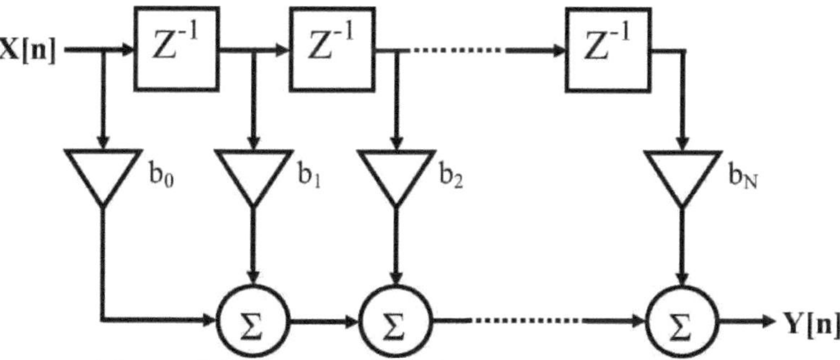

Figura 5.1 Diagrama geral de blocos do filtroFIR

Para verificar a funcionalidade, o filtro é alimentado com um sinal de voz visto do céu. A saída do filtro é comparada com a saída do filtro implementado com um somador e multiplicador padrão. O sinal de fala amostrado e os coeficientes do filtro obtidos com o comando MATLAB são as entradas do filtro FIR proposto com 27 taps. O sinal de voz de entrada e os seus A versão com amostragem é mostrada na Figura 5.2. Apenas uma parte do sinal de voz (período 4000 a 6000) é amostrada e enviada para o filtro. A resposta de saída do filtro FIR com a unidade MAC padrão e a unidade MAC aproximada proposta é mostrada na Figura 5.3.

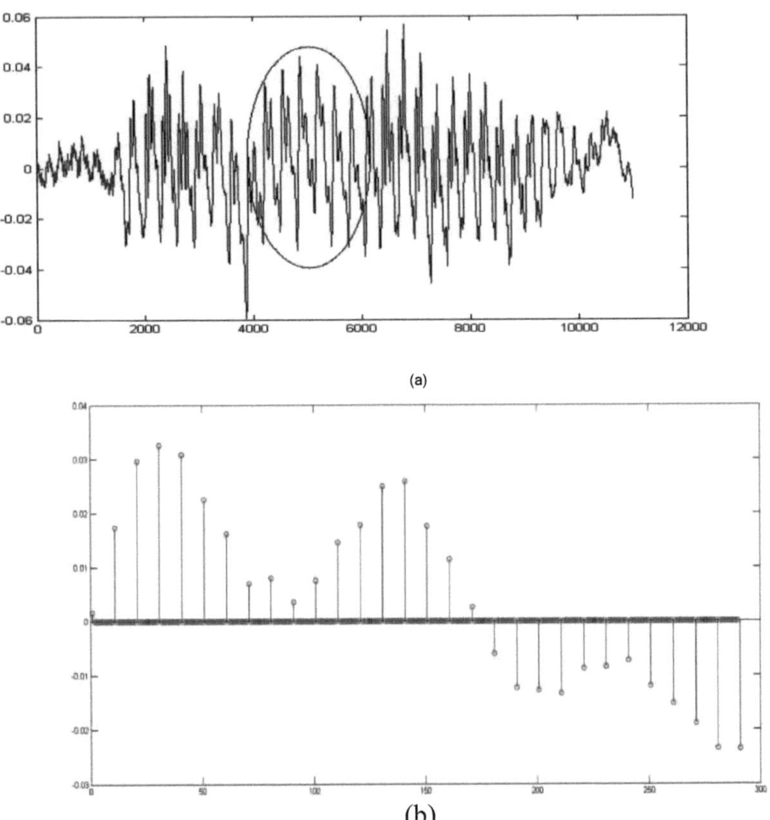

(b)

Figure 5.2 Speech signal (a) Actual (b) Sampled Version

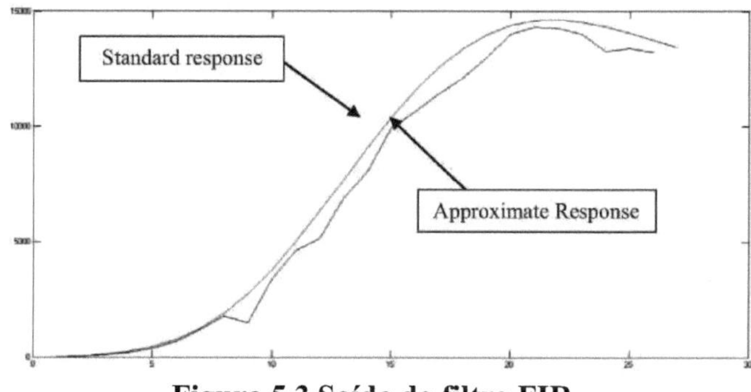

Figura 5.3 Saída do filtro FIR

A Figura 5.3 mostra que a saída do filtro implementado com a unidade MAC proposta é quase semelhante à saída do filtro padrão, com um erro percentual máximo de 8,7%. Este erro máximo é tolerável para poucas aplicações de processamento de sinais e imagens. Por esta razão, as concepções aproximadas propostas, eficientes em termos de área, são adequadas para implementações portáteis.

CAPÍTULO 6

CONCLUSÃO

Neste trabalho, unidades aproximadas (somadores e multiplicadores) são propostas e implementadas em filtros FIR. Para aplicações de DSP, reconhecimento, processamento de imagem e vídeo, a conceção aproximada pode representar um compromisso entre a precisão do tempo de conceção e a energia. A arquitetura HSLEAM proposta melhora a eficiência energética e de área, com um erro computacional médio não superior a 3%. A unidade proposta atinge este objetivo selecionando entradas a partir de uma posição de bit e normalizando a saída final utilizando uma unidade de contagem proprietária. Os circuitos aproximados propostos são implementados na unidade MAC para verificar a sua funcionalidade. Finalmente, as implementações com filtros FIR mostraram que a unidade de aproximação proposta tem um desempenho quase semelhante ao do sistema padrão. As avaliações experimentais mostraram que as unidades aproximadas propostas têm um desempenho e um atraso razoáveis em comparação com abordagens semelhantes recentes.

REFERÊNCIAS

[1] R.Jothin, C.Vasanthanayaki, "Somador tolerante a erros de aproximação de significância de alto desempenho para aplicação de processamento de imagem", em *J Electron Test, Springer*, pp.377-383, 2016.

[2] Karol Join, Yuvesh Ragavendiran, "Uma abordagem eficiente para computação imprecisa com redução de potência usando somadores aproximados", em *SSRG International Journal of VLSI & Signal Processing (SSRG-IJVPS)*, Vol.03, No.05, pp.23-28, Sep.2016.

[3] Zhixi Yang, Ajaypat Jain, Jinghang Liang, Jie Han, e Fabrizio Lombardi, "Approximate XOR/XNOR-based Adders for Inexact Computing," *IEEE 13th International Conference on Nanotechnology*, Aug. 2013.

[4] SrinivasanNarayanamoorthy, HadiAsghari Moghaddam, TaejoonPark, e Nam Sung kim, "Energy-Efficient Approximate Multiplication for Digital Signal Processing and classification applications", *IEEE Transaction on VLSI Systems*, Vol. 23, No. 6, pp.1180-1184, Jun. 2015.

[5] Shin e Gupta, "Approximate logic synthesis for error tolerant applications", em *Proc. 13th IEEE Design, Automation and Test in Europe*, 2010.

[6] K.S.Gurumurthy, M.S.Prahalad, "Fast and power efficientl6xl6 Array of Array multiplier", em Microsystems Packaging Assembly and Circuits Technology Conference (IMPACT), 2010 5th International conference, Oct. 2010.

[7] Guoping-Wang, J. Shield, "The efficient implementation of an array

multiplier", em Electro Information Technology, 2005 IEEE International Conference on May. 2005.

[8] S.Srikanth, I.Thahira Banu, G.Vishnu Priya, G.Usha, "Multiplicador de matriz de baixa potência usando somador completo modificado", Engenharia e Tecnologia (ICETECH), 2016 IEEE International Conference on Sep. 2016.

[9] Mohammed Rafi e Venkatesh, "An Area Efficient Decomposed Approximate Multiplier for DCT Applications", *IJIRSET*, Vol. 4, pp. 7072-7077, Aug. 2015.

[10] Lu, "Speeding up processing with approximation circuits," *Computer*, Vol. 37, No. 3, pp.67-73, Mar. 2004.

[11] Shaik.Masthan Sharif e Prasad, "Design of Optimized 64 Bit MAC Unit for DSP Applications", *International Journal of Advanced Trends in Computer Science and Engineering,* Vol. 3, pp. 456- 460, Oct. 2014.

[12] Santhosh.K.V e Nithin.S, "Optimized Mac Unit", *International Journal of Students' Research In Technology & Management*, Vol.3,pp. 413-415, Oct. 2015.

[13] Praveen Kumar Reddy e Aruna Mastani, "Implementation Of High Performance 64-Bit Mac Unit For DSP Processor", *International Journal Of Current Engineering And Scientific Research*, Vol. 2, No. 11, pp. 20-26, 2015.

[14] Medi Swathi e Venkateshwarlu, "Design of High Performance 64-Bit MAC", *International Journal of VLSI System Design and Sistemas de Comunicação*, Vol. 3, No. 5, pp. 0598-0602, Jul. 2015.

[15] Vaijyanath Kunchigi, Linganagouda Kulkarni e Subhash Kulkarni, "32

Bit MAC unit Design Using Vedic Multiplier", *International Journal of Scientific and Research Publications*, Vol. 3,No. 2, Feb. 2013.

[16] Neha e Ajay Pal Singh, "Design of Linear Phase Low Pass FIR Filter using Particle Swarm Optimization Algorithm", *International Journal of Computer Applications*, Vol. 3, pp. 4044, Jul. 2014.

[17] Panghal, Nitin Mittal, Devender Pal Singh, Chauhan, Sandeep Arya, "Comparison of Various Optimization Techniques For Design Fir Digital Filters", *Conferência Nacional sobre Instrumentação Computacional*, março de 2010.

[18] Rasakanthan, Sugden e Tomlins, "Processing and Rendering of Fourier domain optical coherence tomography images at a line rate over 524 kHz using a graphics processing unit", *J. Biomed. Opt,* Vol. 16, pp. 020505-1-020505-3, 2011.

[19] Wang, Bovik, Sheikh e Simoncelli, "Image quality assessment: From error visibility to structural similarity", *IEEE Trans. Image Process*, Vol. 13, No. 4, pp. 600-612, abril de 2004.

Printed by Books on Demand GmbH, Norderstedt / Germany